疯狂的生物

动物的行为

洋洋兔·编绘

科学普及出版社

·北 京·

图书在版编目（CIP）数据

疯狂的生物. 动物的行为 / 洋洋兔编绘. -- 北京：
科学普及出版社, 2021.6（2024.4重印）
　ISBN 978-7-110-10240-4

Ⅰ.①疯… Ⅱ.①洋… Ⅲ.①生物学－少儿读物②动
物－少儿读物 Ⅳ.①Q-49②Q95-49

中国版本图书馆CIP数据核字(2021)第000940号

目录

动物的捕食行为

动物要活下去就要"吃饭"，它们会利用自己的身体结构，根据周围的环境，采用不同的捕食方法。

动物们都有自己的捕食绝技，一起来看看吧！

猫科动物是捕猎高手。它们身体强壮，有锋利的爪子和牙齿，通常采用伏击捕食的方法。

花豹埋伏在草丛里，带斑点的皮毛让它不容易被发现。

偷偷接近目标猎物后，花豹一跃而出，迅速追击猎物，然后扑倒并用牙齿咬住猎物。

花豹会把猎物搬到树上，既可以防止被其他动物抢去，还能留到下一顿再吃。

有的动物会采用诱捕的方式。深海里的鮟鱇鱼就是一个钓鱼高手。它的钓竿是头上那个小灯笼一样的东西。

它长得可真丑，像只大癞蛤蟆。

鮟鱇鱼会把身体埋进沙子里，将"钓竿"留在外面，"钓竿"头上的小灯笼会发光，引诱小鱼前来。

瞧，它开始钓鱼啦!

你不怕把鲨鱼招来吗？

我也来钓鱼。

等小鱼到了跟前，藏在沙子下的鮟鱇鱼就会突然张开大嘴，一口把小鱼吞进肚子里。

有的动物会坐等美食自己送上门。比如蜘蛛会用丝在树枝间织出一面大大的网。

真是纺织高手。

也是捕猎高手。

网结好后，蜘蛛悠闲地坐在一边等待。空中的飞虫一旦撞上网，就会被粘住。

坐等猎物撞到网上来。

这时候，蜘蛛迅速赶到，用丝把飞虫包裹住，饱餐一顿。

有些动物喜欢吃腐食（腐烂的动物尸体），比如秃鹫。秃鹫是大个头猛禽，长着尖嘴和尖爪。它们的口味比较"重"，不喜欢吃新鲜的食物，反而喜欢吃腐食。

秃鹫发现有动物躺在地上后，会先在空中观察一段时间，再尝试靠近。等确定动物确实死掉后，才会扑上去进食。

这叫切叶蚁，它们是要搬树叶回家种蘑菇。

这些蚂蚁在干什么？

蚂蚁会种蘑菇，是不是感觉很不可思议？这是一种独特的觅食方式。切叶蚁会在蚁穴中开辟种植园，把树叶切成小碎片后搬进去。然后，它们把蘑菇种在这些树叶上。

WC

这就是它们的蘑菇农场。

蘑菇长出来后，就成了切叶蚁的美味大餐。

动物的防御行为

面对捕食者，动物们会采取不同方式进行防御。

穴居

　　有的动物借助地下洞穴来防御敌人。穴兔是打洞的高手，为防止敌人找上门，有时它们还会多打几个洞口，以方便逃跑。

拟态

　　尺蠖（huò）身体的颜色与树枝很像，发现敌人时，它待着不动，巧妙地和树枝融为一体。

这就叫狡兔三窟。

还真像一截树枝。

保护色

　　保护色是动物常用的防御方法。变色龙是运用保护色的高手，可以随着不同的环境改变自己的颜色。

警戒色

　　你见过黄蜂吗？它是个危险的家伙，尾部长有一根大毒刺，一旦惹到了它，就会被蜇。黄蜂披着一件色彩鲜艳的"外衣"，就是在警告敌人："不要惹我，否则后果自负！"

回缩

有壳的动物遇到敌人，会躲进壳里；有刺的动物遇到敌人，会滚成球或者把刺竖起来。这样敌人就拿它们没办法了。

逃跑

遇到敌人就逃跑是很多动物的本能，而逃跑的技巧也很多。海里的飞鱼遇到敌人追击时，会将胸鳍展开，像鸟一样跃出水面。

威吓

有些种类的蟾蜍（chán chú）遇到危险后，就把身体鼓气膨胀起来，以体形来威吓对手。

假死

　　动物中有很多伟大的演员。一旦遇到了危险，这些"演员"马上演技爆发，进入假死状态。

等到危险解除，就会重新复活，逃之夭夭。

转移攻击目标

　　壁虎遇到危险时，会把自己的尾巴弄断。扭来扭去的尾巴可以吸引敌人的注意力，壁虎就能乘机逃走了。神奇的是，过段时间，小壁虎还能长出新的尾巴。

我只是想跟它开个玩笑。

混淆

　　有些动物遇到敌人攻击时，还会混淆敌人的视听。比如海里的章鱼，会喷出"墨汁"，在一片混乱中悄悄逃脱。

动物的求偶行为

动物长大成熟后，为了找到心仪的伴侣，不得不大显身手，用各种方式来赢得异性的目光。

雄海象的求偶方式是来一场"决斗"。只有战胜对手，才能成为雌海象的合格伴侣。

竞争可真激烈。

很多动物会通过送礼的方式对异性表白心意。"鸟类建筑大师"园丁鸟的求偶礼物是一个精致的鸟巢：雄性园丁鸟会搭建一间漂亮的新房，还会用花朵、浆果对房子进行精心的装饰。

你对着一只雄孔雀开屏有什么用？

漂亮的雄孔雀会在孔雀姑娘面前竖起自己的尾巴，像一道屏风。谁的屏风更好看，谁就能赢得孔雀姑娘的芳心。

还有些动物会向异性展示一场才艺表演。丹顶鹤是天生的舞者。它们有了喜欢的对象后，会拍打翅膀、甩动脖子，跳起仙鹤舞来打动对方。

知了是有名的歌唱家。到了夏天，雄知了们会在树上一展歌喉，进行一场歌曲比赛。雌知了会从中寻找自己的如意郎君。

终于找到你了。

动物的育儿行为

养育后代是动物的本能。它们养育后代的方式多种多样。

很多动物从小就跟在父母身边，在父母的保护下成长，等到了一定的年龄，才会离开父母独立生活。比如老虎。

有的动物不需要父母的养育。它们从一出生就开始独自生活。比如海龟把卵产在沙滩上后就会离开。小海龟孵化后，会自己回到海里生活。

别随便抓小海龟玩啊！

杜鹃鸟不愿意亲自养育后代，就把自己的鸟蛋偷偷地产在其他鸟的巢里。让其他鸟帮它孵化和养育。杜鹃鸟孵化出来后，会把其他小鸟挤出巢外。

坏蛋！

强盗！

真是一个伟大的母亲。

有些母蜘蛛养育后代的方式更加奇特。为了让新出生的孩子健康成长，它们会牺牲自己，让小蜘蛛吃掉自己。

伟大的母亲

酒

有些动物还没有发育完全就出生了，然后在母亲身上的育儿袋里继续发育成长，比如你眼前的这种动物——袋鼠。

袋鼠，可以打开你的袋子让我们看看吗？

动物的节律行为

动物的活动不是一成不变的，它们会随着自然环境的变化做出有规律的行为。有的动物的活动随白天黑夜变化，有的随潮汐变化，有的随季节变化。

昼夜的规律

每一天都有白天和夜晚。动物们也分成了白天行动派和夜晚行动派。

白天行动的动物有很多，它们就像人一样，白天行动，夜晚休息。

还有许多动物是"夜猫子"，喜欢在夜晚出没，白天躲进家里睡大觉。

潮汐节律
　　海水每天都会涨潮落潮，生活在潮间带（沿海线）的很多动物就随着潮汐的节律行动。

这是牡蛎，它们喜欢在涨潮的时候觅食。

　　潮落后，退去海水的海滩就成了这些小蟹的天堂。它们从洞穴里迫不及待地跑出来，进行一场聚餐。

一年有春、夏、秋、冬四季，很多动物会随着季节的变化，进行有规律的活动。比如很多动物会在春天换上一身稀疏的毛，秋天又换上一身厚厚的毛。候鸟在秋天时会从北方飞到南方，春天时又从南方飞回北方。

冬眠是某些动物一种很特别的季节性规律。很多动物不喜欢寒冷的冬天。在冬天来临前，它们找个地下洞穴或者树洞，躲进去美美地睡上一整个冬天。

动物的社群行为

有些动物的家庭成员会组成社群，永远生活在一起。在这个社群里，每个成员的地位不同，担负的责任和工作也不一样。比如，夏天常见的蚂蚁和蜜蜂。

兵蚁
负责保卫家园和与敌人作战。

休息室

粮仓

墓场

储备室

工蚁
建造巢穴、采集食物、饲养后代。

宿舍

蚁后
它的工作就是每天产卵，保证家族的延续。

育儿室

蚁后室

雄蜂

雄蜂不做杂务，专门负责与蜂王交配。它与工蜂最大的不同是尾部没有刺针。

蜂王

蜂群的首领，负责产卵和指挥整个蜂群的工作。

工蜂

工蜂数量最多、最辛劳。年幼的工蜂负责照看幼虫、打扫蜂巢；年轻的工蜂负责守卫蜂巢、喂养蜂王；壮年的工蜂负责采集花蜜；老年的工蜂主要负责搜寻花蜜。

我只对蜂蜜感兴趣。

蜜蜂也是社群动物。一个蜂群一般只有一个蜂王，其他蜜蜂都是它的后代。

非洲有许多群居动物，比如狮子和大猩猩。

瞧，首领大猩猩可真气派。

雄狮

雄狮是狮群之王，它们通常不捕猎，但要第一个享用猎物。它们要做的事，就是和雌狮生小狮子，然后巡视领地，与那些想取代它的雄狮打架。

雌狮

雌狮是狮群的主力，它们负责捕猎和养育小狮子。

幼狮

幼狮是狮群未来的希望。如果是狮子姑娘，长大后会加入狮群；但如果是狮子小伙儿，在长到一定年纪后，就会被驱赶出去。

你知道大猩猩吧？它们不仅个头大，规矩也非常多。如果你在大猩猩的家族中不守规矩，那可不行。

青年的雄性大猩猩是第三等级的。

大猩猩族群由一只身强体壮的雄性大猩猩担当首领，它的地位最高。

刚当妈妈的大猩猩排在第二位。

能够独立生活的幼年大猩猩是族群中地位最低的。

动物的共生行为

一些动物有时会和其他种类的动物成为好朋友，而且它们常常生活在一起，相互依存，互惠互利。

鳄鱼长着一张血盆大口，凶猛地攻击河边的动物，但它对小小的牙签鸟却非常友好。

牙签鸟很擅长捕食鳄鱼身上的寄生虫，所以深受鳄鱼的欢迎。

犀牛身上也有寄生虫，牛椋鸟会帮犀牛清理这些讨厌的虫子。

犀牛和牛椋鸟也是一对好朋友。

牛椋鸟还是犀牛的哨兵。当敌人偷偷接近时，牛椋鸟就会及时提醒犀牛。

鲨鱼是个狠角色，海里大部分动物都怕它。但是有一种小小的向导鱼却是鲨鱼的小伴侣。它们吃鲨鱼吃剩的残渣，清理鲨鱼身上的小虫子，如果遇到了危险，还能请鲨鱼帮忙。

不……不敢。

这是我大哥，它想和你交流一下。

海葵是海洋里一类很特别的动物，它长得像盛开的花儿一样漂亮，却有很多有毒的触手。鱼儿一旦被它抓到，就难逃噩运。不过，海葵对小丑鱼很好，允许它们在自己的触手间活动。海葵可以保护小丑鱼，而小丑鱼则能为海葵吸引来其他鱼儿作食物，还能吃掉食物碎屑，帮助海葵保持清洁。

不要去，那是它们的诱敌之计。

29

动物的通信行为

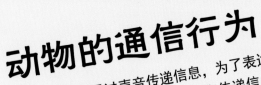

人可以通过声音传递信息，为了表达清楚，还会加上各种手势。动物们传递信息的方式则是五花八门的。

听觉通信
叽叽喳喳叫的鸟类，据说有几千种语言。它们主要靠耳朵听到的叫声来获取信息。

它唱得真好听，要是我能听懂就更好了。

海豚能够发出人类听不到，但它们自己能听到的声音，以此进行通信和捕食。

虽然我听不到海豚的声音，但它已经发现了我。

视觉通信

很多动物可以通过自己的身体特征传达信息，也可以通过肢体动作来传递。狗在面对对手时，头部前伸，前腿趴下，后腿蹬地，露出牙齿，来威吓对手。

看谁能吓住谁！

蜜蜂寻找到花丛后会跳舞报信。当它们跳起圆圈舞时，表示花丛就在附近；跳起镰刀舞时，表示花丛在不远处；跳起"8"字舞时，是在告诉大家花丛在比较远的地方。

根据蜂巢距离花丛的远近，蜜蜂跳的舞也不一样，传递的信息也会不同。

远方

不远处

附近

化学通信
　　你是不是经常会看到狗抬起一条腿在路上撒尿？其实狗这么做，是在利用尿液的特殊气味，向其他狗传达信息：这里是我的地盘了。

很多动物都会像狗这样，利用化学物质传达信息。

随地小便，太不讲文明啦！

触觉通信
　　动物们还会通过触觉接收信息，进行通信。猴群里的猴子会互相梳理毛发。这不仅可以表现出母猴对小猴的怜爱，还能表示对猴王的奉承呢！

我给你梳梳头，你能把香蕉分我点儿吗？

电是一种危险的东西。有些动物天生就会放电，还通过放电来进行交流。最有名的放电动物要属电鳗了，它们可以在混浊黑暗的水下放出不同的电来传达不同的信息。

大家来交流交流感情。

震动通信

有的动物会通过震动来传递信息。大象是个庞然大物，四条腿像四根柱子一样。它们跺脚使地面产生震动，远处的其他大象接收到这种"信号"，就能从中获得相应的信息。

我猜它是生气了。

我猜它是想叫我们过去陪它玩儿。

挑战

生物达人 小测试

前面我们学习了许多关于动物的知识，在这本书里，你会进一步了解到它们的生活习性。动物是怎么发现和获取食物的？它们又是怎样去避免被其他动物吃掉的？想成为合格的生物达人，先来挑战一下吧！每道题目1分，看看你能得几分！

按要求选择正确的答案

1.在繁殖季节，鸟妈妈将捉到的小虫带回巢中饲养雏鸟，这属于（　　）。
　　A.社会行为　　B.繁殖行为　　C.防御行为　　D.贮食行为

2.尺蠖静止不动时，它的形状像树枝，能够起到躲避捕食者的作用，属于（　　）。
　　A.防御行为　　B.学习行为　　C.社会行为　　D.攻击行为

3.大猩猩群体的首领优先享有食物和配偶，这是一种（　　）。
　　A.防御行为　　B.学习行为　　C.社会行为　　D.攻击行为

4.蜜蜂发现花丛后，会跳出各种舞蹈来表示花丛的远近，其中"8"字舞是表示花丛在（　　）。
　　A.附近　　　　B.不远处　　　C.比较远　　　D.不知道

5.动物的一些行为是有特殊目的的，其中不是通信行为的是（　　）。
　　A.孔雀开屏　　B.蜜蜂跳舞　　C.小狗撒尿　　D.海豚发声

判断正误

6."螳螂捕蝉，黄雀在后"这句成语揭示了动物之间的捕食关系。（　　）

7.大雁南飞属于节律行为。（　　）

8.壁虎碰到危险时，会蜷缩着身体不动。（　　）

在横线上填入正确的答案

9.蚂蚁的群体中有蚁后、雄蚁、工蚁、兵蚁等，它们地位不同，各自分工明确，共同生活在一起的行为叫_____。

10.一些动物有时会和其他种类的动物成为好朋友，如凶猛的鳄鱼和小小的牙签鸟。它们这种生活在一起，相互依存，互惠互利的生存方式叫作_____。

你的生物达人水平是……

哇，满分哦！恭喜你成为生物达人！说明你认真地读过本书并掌握了重要的知识点，可以自豪地向朋友展示你的实力了！

成绩不错哦！不过，学习就是要多记重点、要点，要善于归纳问题，将错题再核对一下吧！

这本书的内容都很精彩，而且有些知识点是我们以后的学习中还会用到的哦！所以，再加油好好去学一下吧！

分数有点儿低哦！没关系，重新仔细阅读一下本书的内容吧！相信你会有新的收获。

词汇表

拟态

一种动物的形态、色泽或斑纹等，与另一种动物或者环境中的其他物体相似，然后去模拟它们，蒙骗敌害，保护自己的现象。

保护色

有的动物可以把体表的颜色改变得与周围的环境相似，靠颜色与环境融合在一起躲避敌害。

警戒色

很多有毒的动物，体表颜色非常鲜艳。这些鲜艳的颜色能够对敌人起到警戒作用，告诉敌人不要靠近。

假死

当动物受到攻击或刺激时，身体会静止不动，表现出类似死亡的状态。

孵化

卵生动物的后代在卵内完成胚胎发育，然后破壳而出。

冬眠

某些动物在冬季时，生命活动处于极低的状态，在环境温度升高后，它们又恢复到正常水平。冬眠是变温动物在寒冷的冬天应对食物匮乏的行为。

共生

两种不同生物生活在一起，相互给对方提供帮助，形成紧密互利的关系。